Robert d'Adhémar

Art et science

Essai

ISBN : 978-1722437541

10 9 8 7 6 5 4 3 2 1

Robert d'Adhémar

Art et science

Essai

Table de Matières

Introduction   7

Section I   9

Section II   14

Notes   28

Introduction

« Les cimes élevées de la science sont inaccessibles au grand nombre, mais elles ne sont pas toujours entourées de nuages, et les savants les plus illustres, parvenus au terme de leur gloire, peuvent sans s'abaisser se montrer à la foule et s'en faire entendre. Tous ne l'ont pas tenté. Soit dédain, soit impuissance, on a vu de grands génies, satisfaits d'un petit nombre de disciples, laisser au temps le soin de faire fructifier leur œuvre et de la répandre. D'autres, au contraire, non moins grands et en même temps plus humains, n'oublient jamais que *la vérité est un bien commun...* »

Ce sont les pensées profondes par lesquelles M. Joseph Bertrand ouvrait le discours d'inauguration du monument élevé à la mémoire de François Arago, à Estagel. Combien est belle, en effet, l'allure de ces grands esprits qui, dans la pleine maturité de leur génie, abordent hardiment les plus hautes questions pour les vulgariser, s'élevant sans crainte vers des régions encore inexplorées ! A les voir aussi sûrs d'eux-mêmes, volontiers on comparerait leur audace à celle de ce fils du roi des airs qui s'élance pour la première fois, et sans peur, hors du nid :

Il sait qu'il est aiglon, le vent passe, il le suit !

Telle ne saurait être notre assurance. Vivement impressionné par la grandeur et la beauté du génie humain s'appliquant aux sciences abstraites, nous voudrions, dans ces quelques pages, donner au lecteur une idée, — bien vague forcément et bien incomplète, — du caractère général des mathématiques pures, et cela pour deux raisons. D'abord la vérité est un bien commun et aussi la vérité est souvent fort méconnue. C'est le cas ici : l'on prête, en général, aux mathématiques un aspect qu'elles n'ont point du tout. On les dit presque partout chose froide, desséchante, bizarre même ! Nous voulons montrer le contraire, nous voulons montrer que ceux qui parlent ainsi ou ne les connaissent point ou connaissent seulement quelques pages d'ouvrages didactiques élémentaires, de manuels de concours. Là il peut y avoir non seulement sécheresse, mais encore obscurité profonde si le guide qui nous l'ait pénétrer dans le désert ne nous a pas prévenu qu'il a en vue une oasis fertile et belle. Mais n'en est-il pas de même partout, et le jeune pianiste n'éprouverait-il pas un mortel ennui à faire des gammes si on ne lui montrait pas, au bout de ce labeur ingrat, l'exécution des plus beaux morceaux de musique ?

Nous voulons donc combattre un préjugé, mais nous sentons toute la difficulté de notre entreprise. Si, en effet, un homme cultivé, sans être aucunement spécialiste, peut acquérir assez facilement une notion exacte de la marche des sciences naturelles, par exemple ; au contraire il est difficile, pour un esprit dépourvu de formation mathématique, de se rendre compte, même de très loin, des évolutions et des résultats présents de cette science aux branches multiples. N'a-t-elle pas, en effet, un langage tout spécial, des mots qui lui sont propres ; et les mots du langage ordinaire qu'elle utilise, ne leur a-t-elle pas donné souvent un sens extrêmement éloigné de l'acception courante ? N'emploie-t-elle pas aussi des signes nombreux, des symboles d'une très grande puissance ? Et ce langage et ces symboles correspondent à un certain nombre de notions fondamentales auxquelles le mathématicien doit être habitué par un long et opiniâtre labeur, par de profondes méditations. Le mathématicien est donc, par ses conceptions et ses préoccupations habituelles, très éloigné des idées ordinaires d'un chacun. Mais si nous ne donnions pas quelque aperçu de ces concepts, si nous ne montrions pas au moins quelques-unes des parties saillantes du contour de notre objet, comment en dépeindre les caractères si méconnus, nous le répétons, et si dignes, à nos yeux, d'être mis en pleine lumière ?

Ainsi nous demandons la permission de parcourir d'abord rapidement le domaine exploré par les géomètres, — on emploie souvent cette désignation spéciale pour celle plus générale de mathématicien, — et nous glanerons un peu, çà et là, dans ce qui sera le plus abordable. Puis, et c'est notre principal but, laissant de côté les autres caractères de la mathématique, nous montrerons son caractère hautement *esthétique*.

Nous serions heureux si quelques « profanes » voulaient bien nous suivre sans trop d'ennui, plus heureux encore si une main plus autorisée daignait reprendre notre humble tentative et, d'un ample coup de pinceau, donner un tableau de maître à la place de notre modeste esquisse, timidement crayonnée.

Section I

Les mathématiques pures comportent trois grandes subdivisions : arithmétique, algèbre, analyse infinitésimale. Nous dirons quelques mots des branches extrêmes, la seconde pouvant être considérée comme « soudée » aux deux autres : l'algèbre est un prolongement de l'arithmétique, ou une portion de l'analyse, suivant le point de vue.

Comment l'arithmétique, ou théorie des nombres, devait fatalement se constituer, c'est ce qu'il est bien aisé d'expliquer. Les simples multiplications et divisions auxquelles les plus jeunes enfants sont habitués ne sont pour eux que des exercices purement mécaniques. Or si l'on se sert bien aisément d'une montre sans avoir aucune idée de son mécanisme, voilé aux regards, il faut bien cependant qu'il existe quelque horloger connaissant à fond les rouages, sans quoi, au premier accident, la montre sera hors d'usage. Le géomètre était donc nécessaire pour édifier une théorie de ces calculs si simples à pratiquer, si délicats à bien raisonner. La logique de l'addition, de la soustraction, de la multiplication ayant été créée, l'on se trouvait, avec celle de la division, en présence d'une difficulté nouvelle : l'opération, en général, est impossible (exemple 10 : 3). De là la théorie de la divisibilité qui se pose le problème suivant : Etant donné un nombre entier, reconnaître *a priori*, d'après la forme de ce nombre, s'il est divisible par tel autre nombre. De la notion de *divisibilité* découle la notion de *nombre premier*. Ce sont les nombres tels que 2, 3, 5, 7, 11, 13… qui n'admettent aucun diviseur. L'on pourrait croire, n'est-il pas vrai, qu'en atteignant les nombres très grands tels que un million de millions et bien au-delà, ces nombres finiront bien par avoir tous, à partir d'un certain rang, au moins un diviseur, fût-il très petit, fût-il 2 ou 3… Eh bien, non, il n'en est pas ainsi : l'échelle des nombres premiers est illimitée, et c'est un théorème connu des élèves de rhétorique. Il y a donc là un caractère important pour la classification des nombres entiers, et pour la construction d'une « table des nombres premiers, » il eût été précieux que cette question fût résolue : « Étant donné un entier, trouver *a priori* le nombre des nombres premiers qui lui sont inférieurs. » Le géomètre allemand Bernhard Riemann, dont un de ses pairs, M. Charles Hermite, a pu dire : « Son œuvre est la plus belle et la plus grande de l'analyse à notre époque…, » Riemann, disons-nous, a réussi à donner de ce problème une solution approchée. Nous avons cité cet exemple pour bien montrer qu'au seuil même de la science, il se pose des questions d'une extrême difficulté. Ajoutons que Riemann a dû faire usage de notions transcendantes fort éloignées des notions simples qui entrent dans l'énoncé du problème. Ce n'est point le seul exemple de questions arithmétiques traitées par la haute analyse. L'on doit faire flèche de tout bois dans la science, et le savant pourrait dire comme le pêcheur :

Ma barque est si petite, et la mer est si grande.

Nous nous en tiendrons à ces quelques mots sur l'arithmétique technique pour nous arrêter un peu devant l'élément fondamental de cette science, le « nombre entier. »

Bien fatalement un mathématicien est amené à réfléchir sur les origines de cette notion et sur sa valeur philosophique. De même l'on imaginerait difficilement un physicien qui n'aurait pas cherché à se faire une idée de ce que le vulgaire nomme la matière, le temps, la force… Les savans-philosophes et les philosophes-scientifiques ont beaucoup écrit sur le nombre entier.

Il faut convenir que la tâche de discerner la priorité du nombre ordinal sur le nombre cardinal ou l'inverse, et toutes les spéculations analogues sont bien plutôt du domaine de la philosophie que du domaine de la science. Il serait mesquin, assurément, de fixer les bornes du génie de l'homme : au XVIIe siècle une grande lumière s'élevait sur le monde, le siècle de Louis XIV a été témoin, entre mille autres belles choses, d'un spectacle grandiose qui sera toujours et partout admiré par les hommes de pensée. Un homme naquit à Leipsig et mourut à Hanovre, qui fut un profond philosophe, un grand géomètre, qui fut aussi un historien et un noble serviteur de son pays. Nous avons nommé Leibniz ! Nous ne voulons pas désespérer absolument que l'un des siècles futurs voie naître un nouveau Leibniz… Cependant il devient tous les jours plus difficile d'être à la fois bon philosophe et bon mathématicien. L'on conçoit donc que, soucieux avant tout du progrès de la science, M. Emile Picard [1] ait prononcé le mot de « débauche de logique » à l'occasion d'un mouvement récent de critique des fondements de la mathématique. Il est assurément intéressant, — et c'est ce que nous voulions signaler ici, — de savoir que le concept de nombre fractionnaire (exemple 5/7), celui même de nombre incommensurable (exemple 1/2), se ramènent au concept plus primitif de nombre entier. Mais ce dernier soulève de grandes difficultés philosophiques ; le géomètre, en tant que géomètre, n'en a cure. Et en effet, il y a à la base de notre science et de toute science quelques principes premiers indémontrables (que l'on *voit*, disent les uns ; que l'on *croit*, disent les autres) ; — et il n'est pour le nier qu'Homais et ceux de son espèce.

Nous aborderons maintenant la très récente et très importante en même temps que séduisante « théorie des ensembles infinis. » A une collection limitée d'objets correspond l'idée abstraite de nombre entier fini. De même l'on peut concevoir (nous y revenons plus loin) une collection illimitée, et l'on y fait correspondre l'idée abstraite d'ensemble infini. L'on dira par exemple « l'ensemble de tous les entiers, » « l'ensemble de tous les points d'une circonférence... » Cette notion, dont on a aisément une vue intuitive, étant posée, peut-on dire « ensembles égaux » comme on peut dire « nombres finis égaux, » c'est ce que nous allons examiner. Ecrivons ces deux ensembles :

1 2 3 4 5. . . . 20... (indéfiniment)

2 4 6 8 10. . . . 40... (*idem*)

Ces ensembles sont en correspondance réciproque terme à tonne. Limitons-les maintenant au nombre 10 par exemple. La correspondance cesse, car nous trouvons deux fois plus de nombres entiers que de nombres pairs. L'on serait tenté de dire que de 1 à l'infini, il y a *autant d'entiers* que de *nombres pairs*. Mais le deuxième ensemble est une partie aliquote du premier. Il y a donc là une notion nouvelle et l'on a dit : les deux ensembles ont *même puissance*. Pour des ensembles finis, le concept de puissance se confond avec celui de nombre. Lorsqu'un ensemble infini a même puissance que l'ensemble des nombres entiers, on le dit *dénombrable*. L'ensemble de tous les points d'une droite ou d'une circonférence est indénombrable. Il y a, eu quelque sorte, des infinis avec des concentrations, des densités différentes : l'infini mathématique, lui aussi, soulève d'immenses discussions philosophiques… L'ensemble dénombrable correspond à cette force qu'a notre esprit d'imaginer une même opération indéfiniment répétée, toujours identique à elle-même.

« L'homme n'est qu'un roseau, a dit Pascal, le plus faible de la nature, mais un roseau pensant. » N'est-il point magnifique que ce « roseau, » dont les jours sont étroitement limités, dont la puissance de travail est étrangement limitée dans ce peu de jours, ait conçu l'illimité, l'absence de bornes, alors que tout ce qui l'entoure est essentiellement borné ! Mais devant l'ensemble non dénombrable avouons notre faiblesse, cette notion est surtout négative…

Nous présenterons maintenant le concept de *fonction*, très accessible dans ses grandes lignes.

En effet nous saisissons à chaque instant des liens, des dépendances réciproques entre les choses. Le *temps* que met une voiture automobile à faire un certain trajet dépend de la *puissance* de la machine, de la *longueur* de la route, etc. Pour le géomètre la puissance de la machine sera une *variable*, la longueur du trajet sera une autre *variable* et l'on dira : « La durée de la course est *fonction de ces variables*. » En général une variable est une même chose considérée dans les divers états de grandeur qu'elle peut acquérir, et une première variable est fonction d'une deuxième, lorsqu'une variation de celle-ci entraîne une variation de l'autre. Cet énoncé est extrêmement compréhensif, et il y a des infinités de fonctions inaccessibles au géomètre. Comment saisir, par exemple, le lien précis et rigoureux entre la violence d'un tourbillon de vent (phénomène si complexe), les courants, les marées et la forme de la vague (forme non géométrique, loin de là !). Et encore la mécanique céleste et la physique (mathématiques appliquées) ayant à traiter des êtres inanimés, parviennent-elles, dans bien des cas, à des solutions suffisantes, en appliquant les théories des mathématiques pures à des êtres fictifs assez peu différents des données réelles ? Que de prodiges de travail ingénieux pour cela ! Mais l'on ne conçoit guère la possibilité d'analyser mathématiquement les phénomènes de la vie, même chez la plante qui offre cependant bien moins d' « imprévu, » de « spontané, » que l'animal. Laissons tout cela de côté, et ne sortons pas de l'analyse pure [2] ; c'est l'étude des fonctions en soi, au point de vue abstrait. Nous indiquerons d'abord quelques caractères généraux de classification des fonctions, et nous dirons un mot du problème capital de l'analyse, l'*Intégration*. Nous essaierons, par des comparaisons, de laisser « entrevoir » ces idées fondamentales.

Le premier caractère à reconnaître est la *continuité* (cette notion est liée à celle d'ensemble indénombrable). Dans un spectre solaire bien étalé, ou dans un arc-en-ciel, les nuances se succèdent pour notre œil sans brusque transition ; elles varient avec continuité. Une raie noire (comme dans l'analyse spectrale) constituerait une discontinuité. Les fonctions discontinues, qui sont elles-mêmes de nature diverse, sont de nature plus compliquée que les fonctions continues.

Une fonction continue est en général *dérivable*, c'est là un second caractère important. Prenons un train en marche ; l'espace parcouru est fonction du temps employé à le parcourir, la vitesse à chaque instant varie, elle est aussi fonction du temps. Il y a un lien très précis entre la *fonction espace* et la *fonction vitesse*, celle-ci est la *dérivée* de celle-là.

Notre image a quelque valeur ; c'est elle, en effet, qui a conduit Newton à introduire dans la science le concept de dérivée. Il pensait non point à un train, mais à une planète, alors qu'à la même époque, Leibniz créait le même concept pour l'étude des maxima et des minima d'une fonction : la dérivée s'annule lorsque la fonction primitive devient maxima ou minima. Ainsi l'un des sommets de la science était reconnu à la même époque par deux chemins très différents : le savant anglais se posait une question de mécanique, le savant allemand étudiait une question d'algèbre pure. Et si nous voulions « critiquer » ce point d'histoire des mathématiques, nous pourrions mettre en opposition Newton et le génie anglais, pratique ; Leibniz, et le génie allemand, spéculatif. Si l'on nous objectait que la *race* n'était pas ici prépondérante, puisque Leibniz était d'origine slave, nous invoquerions l'*influence du milieu* : la formation de Leibniz était bien allemande. Enfin l'influence du *moment* est bien manifeste, puisque deux grands esprits ont à la même époque mis au jour le principe du calcul infinitésimal.

Ce mot lui-même indique que nous retrouvons l'infini mathématique, mais cette fois l'infini en petitesse. La dérivée est en effet le quotient de l'accroissement *infiniment petit* [3] de la fonction par l'accroissement infiniment petit correspondant de la variable. Le calcul infinitésimal comprend deux grands chapitres : le calcul différentiel, qui est le calcul des dérivées, et plus généralement se propose de trouver les relations entre « infiniment petits » qui résultent des relations données entre « quantités finies correspondantes. » Dans le calcul intégral, l'on se propose la question inverse (intégration). Une fonction est définie par son mode d'existence dans le domaine infinitésimal, et l'on cherche son mode d'existence véritable en quantités finies.

La difficulté de l'intégration est, en général, immense.

On pourrait presque dire que l'étude des fonctions c'est, en somme, toute la mathématique. L'analyste travaille à donner la forme mathématique, c'est-à-dire la rigueur et la précision, à des dépendances de plus en plus compliquées et délicates entre les grandeurs.

Section II

Ayant dit un mot de quelques-unes des idées fondamentales, nous arrivons au cœur de notre sujet : « Art et Science. » Les mathématiques ont un triple but : utilité pratique, utilité pour la philosophie naturelle (théories mécaniques, physiques…), utilité pour la métaphysique en ce qu'elles permettent d'approfondir les idées de nombre, d'infiniment grand, d'infiniment petit… Elles ont aussi un but, un caractère esthétique, et c'est ce que nous allons étudier [4]. La mathématique est un art ! Mais n'est-ce point un formidable abus de langage ? N'y a-t-il pas entre l'art et la science des différences telles que vraiment bien fou est celui qui, à tout prix, veut chercher des rapprochements ? Sans aucun doute, il est des esprits qui, par suite d'une culture trop exclusive et d'un manque absolu de sens critique, ou plutôt, — tranchons le mot, — par suite d'une absence totale d'envergure intellectuelle, ne voient de l'Univers géant que l'une de ses innombrables faces. Il n'existe rien pour ces simplistes au-delà des limites de leur savoir, et ce savoir fût-il très grand, trop nombreux sont ceux qui, suivant la forte expression de M. Brunetière, « pour savoir tout d'une chose, ignorent tout du reste. »

Assurément nous nous méfierons de généralisations hâtives, d'analogies vagues. Nous signalerons avec force les dissemblances entre l'art et notre science, mais s'il y a entre ces deux manifestations de l'esprit humain quelques notables ressemblances, ne sera-t-il pas permis de les dire ? N'imitons donc pas cet homme qui, ayant bâti sa chaumière tout au bas d'une profonde vallée, renferme le monde dans le cadre étroit de son horizon borné. Qu'un vigoureux coup d'aile nous enlève bien haut, par-delà les cimes, afin que notre regard, perdant le détail, saisisse l'ensemble, et alors puisse voir et admirer les réelles, sublimes harmonies qui existent entre les diverses et majestueuses constructions de ce monument superbe qu'a édifié l'humanité dans sa soif insatiable de vérité et de beauté !

Taine, dans sa *Philosophie de l'Art*, a dit : « Par beaucoup de points, l'homme est un animal qui tâche de se défendre contre la nature ou contre les autres hommes. Il faut qu'il pourvoie à sa nourriture, à son habillement, à son logement, qu'il se défende contre la mauvaise saison, la disette et les maladies. Pour cela il laboure, il navigue, il exerce les différentes sortes d'industries et de commerce. De plus, il faut qu'il perpétue son espèce et se préserve des violences des autres hommes. Pour cela, il forme des familles et des États, il établit des magistrats, des fonctionnaires, des constitutions, des lois et des armées. Après tant d'inventions et de labeurs, il n'est pas sorti de son premier cercle ; il n'est encore qu'un animal, mieux approvisionné et mieux protégé que les autres ; il n'a encore songé qu'à lui-même et à ses pareils. A ce moment, une vie supérieure s'ouvre, celle de la contemplation, par laquelle il s'intéresse aux causes permanentes et génératrices desquelles son être et celui de ses pareils dépendent, aux caractères dominateurs et essentiels qui régissent chaque ensemble et impriment leur marque dans les moindres détails. Pour y atteindre il a deux voies : la première qui est la *science*, par laquelle, dégageant ces causes et ces lois fondamentales, il les exprime en formules exactes et en termes abstraits ; la seconde, qui est l'*art*, par laquelle il manifeste ces causes et ces lois fondamentales d'une façon sensible, et en s'adressant non seulement à la raison, mais encore aux sens et au cœur de l'homme le plus ordinaire. L'art a cela de particulier qu'il est à la fois supérieur et populaire : il manifeste ce qu'il y a de plus élevé, et il le manifeste *à tous*. »

Disons : « *à beaucoup* ; » et nous serons peut-être plus exact. Quoi qu'il en soit, Taine nous a bien montré là une différence essentielle entre l'art et la science.

Comment expliquer, dès lors, ces paroles de deux savants professeurs de l'Université de Paris, qui comptent parmi les plus illustres représentais de la mathématique en France et dans le monde ? Dans la notice qui sert de préface aux *Œuvres* de Galois, M. Emile Picard [5] a écrit : «… Au point de vue artistique, qui joue un rôle capital dans les mathématiques pures… » Et parmi les pages où M. Henry Poincaré [6] analysait l'œuvre du commandant Halphen, nous trouvons ces lignes : «… Le savant digne de ce nom, le géomètre surtout, éprouve en face de son œuvre la même impression que l'artiste ; sa jouissance est aussi grande et de même nature. Si je n'écrivais pas pour un public amoureux de la science, je n'oserais m'exprimer ainsi ; je redouterais l'incrédulité des profanes. Mais ici je puis dire toute ; ma pensée. Si nous travaillons, c'est moins pour obtenir ces résultats positifs, auxquels le vulgaire nous croit uniquement attachés, que pour ressentir cette émotion esthétique et la communiquer à ceux qui sont capables de l'éprouver. » C'est précisément afin de commenter cette pensée deux fois exprimée que nous avons tenté d'écrire cette simple étude, et bien que nous redoutions, nous aussi, l'incrédulité des profanes. La réalisation du beau, c'est ce à quoi tendent les artistes [7]. Mais qu'est-ce que la beauté ? Pour les objectivistes, c'est l'ordre, la proportion, l'unité dans la multiplicité. Pour les subjectivistes, le beau est l'essence du sentiment qu'il provoque, le *sentiment esthétique* [8]. L'activité esthétique est celle qui cherche à se sentir elle-même pour jouir d'elle-même. Cette « activité de jeu » a des degrés, nous allons chercher à l'exposer, et pour cela l'on nous permettra d'évoquer ici un souvenir personnel. Nous visitions les Alpes, il y a trois ans, et nous remontions le cours du Rhin. Les spectacles si divers qui se déroulaient à nos yeux nous amenaient à distinguer nettement entre ce que l'on pourrait appeler « l'admiration affinée » et « l'admiration naïve. » Nous avions vu Bâle et Constance, puis la vallée de plus en plus dépeuplée, avec quelques villages semés çà et là et des ruines de châteaux forts, enfin les solitudes désertes, la nature devenue muette à l'approche des glaciers…

Assis sur la terrasse qui entoure la cathédrale de Bâle, nous avions à nos pieds le pittoresque coude du Rhin, et droit, devant nous les premières ondulations de la Forêt-Noire. Il nous suffisait de lever les yeux pour voir la majestueuse église dont la silhouette semblait se mirer dans l'onde, tandis que devant notre imagination se dressait le tableau sévère des drames religieux dont elle fut témoin. Mettons à notre place un Viollet-le-Duc connaissant dans toutes ses nuances l'église gothique ou romane, sa structure intime comme le sentiment qui s'en dégage, il eût bien mieux que nous admiré, entendant mieux l'architecture. Un critique, un historien tel que Taine, eût été frappé bien plus que nous, sachant ressusciter sur les lieux mêmes tout un passé à lui familier. Et en présence de ces ruines échelonnées sur les rives du Rhin, il eût, plus que nous, joui d'un spectacle qui lui eût rappelé des migrations humaines et la vie féodale, de lui bien connue. Mieux que nous, le géologue eût contemplé la montagne, se transportant à ces époques reculées pendant lesquelles le glacier creusait patiemment ce sillon même dont le fleuve devait s'emparer pour en faire son lit.

Nous pensions donc : « Il n'y a pour le simple que sensation confuse de jouissance là où le penseur est impressionné de la manière la plus profonde. » Considérons le phénomène acoustique de résonance : en présence d'une capacité remplie d'air, tel son rendu par un diapason sera renforcé, les autres ne le seront pas. Cette capacité est un *résonateur*, le diapason qui lui correspond est un *excitateur*. « Le grand spectacle naturel, l'œuvre d'art, pensions-nous, sont des *évocateurs*, des *excitateurs*. L'homme ému est un *résonateur*. L'homme *plus cultivé* est celui qui porte en soi des résonateurs *plus puissants* et en *plus grand nombre*. »

Nous construisions même dans notre esprit des sortes d'échelles avec les degrés de l'émotion esthétique que l'on éprouve en face des œuvres de la nature ou des hommes :

D'abord la « douce sensation » du coloris ou de la mélodie. Puis l' « impression plus intelligente » produite par quelque caractère notable et dominateur que l'œuvre d'art avait pour but de manifester.

En haut, la science même de ces impressions nous procure les plus hautes jouissances : des œuvres comme « la Philosophie de l'Art » de M. Taine ou « l'Evolution de la Poésie lyrique » de M. Brunetière, ne sont-elles pas, en un sens, œuvres d'art ?

Plus haut encore, n'y a-t-il pas une forme supérieure de l'art dans la métaphysique, la science de la pensée en elle-même, des choses en soi ?

Redescendons un peu : la mathématique cède le pas à la philosophie pour la généralité, mais l'emporte pour la précision. L'arbre a moins d'ampleur, ses plus hautes branches se perdent moins dans la nuée, ses racines forment un réseau moins vaste, mais aussi l'arbre est peut-être plus robuste, ses fruits arrivent peut-être à plus de maturité et de saveur. Il faut, en ce monde, renoncer à rencontrer tous les avantages en même temps.

Mais nous ne pouvons étudier ici ces diverses formes de l'art, ces divers phénomènes de résonance dont un esprit cultivé peut être le *siège*, ces formes variées de l'activité de jeu. Considérons exclusivement la mathématique, sauf à dire un mot de quelque autre science lorsque pour *juger* il faudra *comparer*.

Examinons en détail ce *fait* : l'émotion esthétique du géomètre, émotion qui procède de « l'admiration la plus affinée. » Dans l'œuvre mathématique, les *idées mises en jeu*, les *méthodes*, les *résultats* sont d'une ampleur et d'une profondeur merveilleuses. Nous avons montré au début quelques-unes des idées. Ces définitions résultent souvent d'une longue élaboration, comme les méthodes, et voici d'ailleurs l'opinion d'hommes compétents à leur sujet : M. Boutroux dit [2] : « En mathématiques, les définitions fondamentales ne sont pas de simples propositions. En une définition mathématique sont souvent condensées une infinité de définitions… lien est de même pour les démonstrations. Les mathématiques exigent, en maint endroit, un mode de raisonnement, qui est autre que la déduction logique… c'est le raisonnement par récurrence… sorte d'induction apodictique. »

M. H. Poincaré dit aussi [10] : «… C'est donc bien là le raisonnement mathématique par excellence… Le raisonnement par récurrence contient, condensés pour ainsi dire, dans une formule unique, une infinité de syllogismes (hypothétiques) disposés en cascade…

«… Dans le domaine de l'arithmétique on peut se croire bien loin de l'analyse infinitésimale, et cependant l'idée de l'infini mathématique joue déjà un rôle prépondérant, et sans elle il n'y aurait pas de science parce qu'il n'y aurait rien de général. »

Dans l'analyse, il nous semble que le raisonnement fondamental est celui-ci : lorsqu'on a constaté que la différence entre A et B est un *infiniment petit*, on peut affirmer l'égalité rigoureuse : A = B.

Ce principe et le principe de récurrence, avec ceux de la logique ordinaire (le principe de contradiction en particulier, appelé ici principe de réduction à l' « absurde »), sont entre les mains des géomètres de puissants moyens de création. Donnons deux exemples : La *méthode infinitésimale* permet, dans l'évaluation de la longueur d'une courbe, de substituer à la courbe une ligne polygonale inscrite. A un arc on substitue une corde, et cela est fait de telle manière que l'on n'obtient nullement une valeur approchée, mais une valeur rigoureusement exacte de la longueur cherchée. Refusera-t-on que cette méthode soit puissante, alors qu'elle permet de simplifier le problème par une erreur apparente, erreur annulée par l'application complète de la méthode ? Considérons aussi la *théorie des groupes* qui domine la mathématique presque tout entière : on dit qu' « un système d'opérations forme un groupe si deux opérations de ce système successivement effectuées équivalent à une autre opération du système. » Par exemple : tous les calculs *rationnels* (exempts d'extractions de racines) appliqués aux nombres rationnels forment un groupe ; soit en effet l'opération 2/7 X 5 puis le résultat divisé par 3, ces deux opérations rationnelles équivalent à une opération rationnelle unique : savoir, 2/7 / 5/3.

De cette notion du groupe, Galois, en 1830, avait tiré les fondements d'une théorie parfaite des équations algébriques. Ses idées ont été développées par M. Camille Jordan en algèbre ; MM. Lie, Klein, Poincaré, Picard les ont appliquées à l'analyse. D'une définition qui ne tient pas quatre lignes, ces géomètres ont tiré un monde de grands résultats et de magnifiques théories.

La mathématique est l'ordre même, la puissance même ! Poursuivons et indiquons quelques nouveaux caractères qui rapprochent la mathématique de l'art et l'éloignent des autres sciences.

Lorsque, dans les sciences naturelles, une méthode a conduit à énoncer une loi, le savant se propose souvent de parvenir au même résultat par une voie tout autre, et ce n'est point un luxe mais bien un contrôle, une contre-épreuve nécessaire pour donner une confiance plus ferme, une certitude plus grande que l'on ne se trouve point en présence d'un concours fortuit de circonstances. Dans ces sciences, l'on n'est jamais trop certain de n'avoir point fait d'inductions téméraires, jamais les preuves ne sont trop nombreuses. Les évolutionistes sont-ils bien sûrs de tenir en main, avec les diverses formes de l'évolutionisme, autre chose que des méthodes de travail ? Méthodes fécondes, il est vrai, et même bien au-delà de leur domaine primitif.

Et dans la physique, qui ne sait que les théories n'ont aucune valeur objective ? Au commencement du siècle, à la suite des travaux de Laplace sur la mécanique céleste, l'on avait espéré donner une explication mécanique complète des phénomènes calorifiques, lumineux, électriques.

« Si le problème ne comportait qu'une solution, dit M. Poincaré [11], la possession de cette solution unique, qui serait la vérité, ne saurait être payée trop cher. Mais il n'en est pas ainsi. On arriverait sans doute à inventer un mécanisme donnant une imitation plus ou moins parfaite des phénomènes… Mais si l'on en peut imaginer un, on pourra en imaginer une infinité d'autres. » Voilà qui est clair relativement à la *valeur absolue* des théories physiques [12].

Au lieu de tout cela que voyons-nous en mathématiques ? Après qu'une vérité a été acquise et sans controverse possible, il arrive bien souvent que l'on est parvenu à cette vérité par une voie totalement différente. C'était bien, quelquefois, afin d'abréger un raisonnement lourd, de supprimer des artifices sans élégance (ce mot est constamment employé par les géomètres) ; mais souvent aussi c'était sans utilité immédiate. Pour le lecteur comme pour l'auteur, il y a là plutôt activité de jeu qu'activité de travail !

Et aussi les théories mathématiques ont un caractère *plus* parfait que les autres théories scientifiques. Citons d'abord, à ce sujet, une page d'un géomètre allemand [13] : « Un aussi remarquable phénomène (le développement historique de l'analyse) pourrait susciter cette opinion *idéaliste* que l'analyse est une chose préexistante et indépendante de l'existence d'êtres pensants, qui est découverte et étudiée peu à peu comme une nouvelle partie du monde. On pourrait en conclure qu'une seule analyse est possible, de sorte que, si elle était de nouveau à découvrir, elle ne pourrait que réapparaître identique… Mais on peut aussi, au sens *empiriste*, c'est-à-dire sans admettre la préexistence de la mathématique, se convaincre de la nécessité logique de son contenu actuel. Si l'on songe, en effet, à la foule des penseurs qui, dans la suite des siècles, ont fouillé le sol mathématique, on comprend qu'ils aient tenté de pénétrer dans toutes les parties accessibles à la pensée et que les voies les plus fécondes en résultats aient dû être trouvées. Ce sont les seules que l'on ait poursuivies. Dans une sélection de ce genre, l'investigation humaine a dû nécessairement suivre la voie la plus fructueuse. C'est ainsi qu'une direction lui était tracée.

Ainsi se trouve justifié par l'analyse tout entière ce mot de l'empiriste, que si les habitants de Mars possèdent une analyse, elle doit être identique à la nôtre dans toutes ses parties essentielles. Qui oserait affirmer que Mars possède même physique, même chimie, même biologie que nous ? Les lois de la nature sont *contingentes*, les lois mathématiques sont *nécessaires* !

Le progrès d'ailleurs n'a pas la même allure dans ces deux ordres d'idées. La théorie physique progresse souvent par approximations successives. Prenons la loi de Mariotte : « A température constante, une masse gazeuse occupe un volume qui varie en raison inverse de la pression supportée. » C'est un schéma grossier des résultats d'expérience, c'est une première étape. Aussitôt que les mesures sont plus précises, l'on établit des formules nouvelles, serrant de plus en plus près la réalité… sans jamais l'atteindre.

La mathématique a une allure tout autre : par exemple, tous les groupes ne sont pas connus ; certains le sont ; sur d'autres, Ion a des résultats partiels. En mathématiques des résultats partiels sont cependant définitifs.

En chimie, en physique, une théorie nouvelle vient souvent ruiner une théorie ancienne. En mathématiques, l'on abandonne bien quelquefois une théorie ancienne. Rarement, elle était fausse, mais l'on a fait plus simple ou plus large. L'ancien était bon, le nouveau est mieux encore. Victor Hugo, dans son ouvrage sur Shakespeare, a traité longuement de l'art et de la science. A ses yeux la science est essentiellement chose perfectible, l'art est le contraire. « Corneille et Homère sont également parfaits, — dit-il, — tandis qu'Archimède, Galilée, Newton, Cuvier… ont été dépassés. » Le poète illustre ne connaissait point les mathématiques. Assurément elles progresseront sans cesse, mais ce sera plutôt par *accroissement* que par *perfectionnement*, ce sera plutôt par l'acquisition d'idées, de méthodes nouvelles, que par l'amélioration des anciennes. Par-là, au point de vue même de Victor Hugo, la mathématique se rapprocherait de l'art. Nous n'insisterons pas sur le degré de certitude des mathématiques. Il n'en est pas de comparable, mais hâtons-nous d'ajouter que le géomètre a perdu en objectivité [14] ce qu'il a gagné en rigueur.

Résumons en quelques mots ces dernières pages. La mathématique est, par essence, ordre, proportion, unité. La mathématique a un caractère plus définitif, plus absolu que toute autre science : la mathématique est belle. A la contempler, l'on éprouve une émotion esthétique violente, haute récompense du labeur qui a été nécessaire pour créer en soi ce résonateur spécial susceptible d'entrer en vibration devant une *majestueuse ordonnance d'idées*.

Mais ce n'est point tout que de considérer seulement l'impression produite sur le spectateur, l'auditeur ou le lecteur par l'œuvre achevée, — œuvre d'art ou œuvre mathématique. Il faut examiner maintenant ces ouvrages pendant la période de construction, c'est-à-dire au point de vue de l'ouvrier qui crée : il faut comparer l'inspiration de l'artiste à l'intuition du géomètre.

Devant une théorie mathématique, c'est le seul « vrai » qui nous frappe d'abord. Mais, à la réflexion, nous suivons, dans leurs grandes lignes, les évolutions de la pensée qui a fait apparaître ce « vrai ; » nous apprécions toute l'habileté de la méthode, s'il était question d'un problème déjà bien posé, mais resté sans solution, et, en outre, toute l'ingéniosité des conceptions, si le géomètre posait lui-même, avec sagacité, une question intéressante, utile aux progrès de la science. Considérons cette théorie des groupes, — nous espérons lasser un peu moins la bienveillance du lecteur en ne multipliant pas trop les exemples techniques. — Au commencement du siècle, Galois, encore collégien, n'était point absolument satisfait par le cours d'algèbre du lycée Louis-le-Grand, et il allait puiser des idées dans les travaux de l'illustre Lagrange. Mécontent encore, et désireux d'aller plus loin, il pensait beaucoup et, finalement, il introduisait la notion de groupe, ramenant l'étude d'une équation algébrique à l'étude d'un « groupe correspondant de substitutions. » A voir cet édifice logique dont il a été l'architecte, l'on devine une puissante inspiration qui a précédé la construction. Comment Galois eût-il établi sa théorie s'il n'avait *vu d'avance, pressenti* l'importance du groupe dans cette question qui le tourmentait ? Et comment Sophus Lie eût-il introduit le groupe en analyse s'il n'avait *deviné,* pressenti que là devait être un chemin conduisant à de grandes découvertes ?

Le rôle de l'intuition est capital en mathématiques : le géomètre veut toujours ou bien faire « du nouveau » ou bien élargir, « généraliser » l'ancien. Ayant obtenu sur certaines données quelques résultats, il veut savoir ce qui en subsistera lorsque les données seront plus ou moins modifiées. Nous emprunterons à ce sujet quelques lignes à M. Jules Tannery [15]. A propos de ces géomètres, qui ont créé une nouvelle catégorie de grandeurs, les *idéaux,* « pour retrouver, dans la théorie générale des nombres, les lois de la divisibilité des nombres entiers, » M. Tannery s'écrie : « Dans cette merveilleuse organisation de l'idée de nombre, il semble que l'homme se soit joué des obstacles les plus impossibles à surmonter, qui l'attiraient et qu'il a plus d'une fois réussi à tourner. L'obstacle n'était vraiment dépassé que quand l'homme avait retrouvé, souvent *démesurément agrandies,* les lois qui régissaient le domaine qu'il venait de quitter ; son goût esthétique pour l'ordre, pour ce qui est, à la fois, nouveau et le même, était satisfait pour un instant. » Les mathématiques progressent donc par créations totales ou par généralisations, et toujours le géomètre devine d'abord, puis cherche à prouver ; plus il a de génie, et plus rarement ses prévisions sont en défaut.

L'intuition a toujours le rôle de devancière ; elle est aux avant-postes. Ceci est vrai pour toute science ; mais de même que la théorie mathématique est plus artistique, de même l'intuition du géomètre est plus artistique que toute autre, et nous l'allons montrer. Ah ! certes, elles ne manquaient pas de grandeur les « vues » d'un Lavoisier, d'un Lamarck, d'un Fresnel, d'un Pasteur… ces « idées préconçues, » comme disait Claude Bernard ! Nous ne voudrions pas que l'apologie des uns parût être le procès des autres : le génie, dans n'importe quel domaine, c'est toujours le génie ! Mais naturalistes ou physiciens trouvent la matière placée d'avance sur leur enclume, ils n'ont qu'à la passer à la fournaise pour la marteler ensuite ; en les pétrissant de mille manières, ils arrachent enfin aux corps quelques-uns de leurs secrets. Mais ces corps, la nature les a placés devant eux. Ces savants, comme l'abeille, se posent sur la fleur, prennent le suc et le transforment en un miel exquis.

Les géomètres ont bien plus tiré d'eux-mêmes pour donner leur miel. Refusera-t-on de reconnaître un caractère plus artistique aux inspirations de ces hommes qui ont, pour ainsi dire, créé la matière avant que de la forger, qui ont dû tirer en grande partie de leur propre fonds les matériaux dont ils se sont servis ensuite pour élever leurs édifices immatériels aux assises puissantes, aux tourelles élancées ? Ceci demande quelque explication : « Le seul objet naturel de la pensée mathématique, dit M. Henry Poincaré [16], c'est le *nombre entier*. C'est le monde extérieur qui nous a imposé le *continu* que nous avons inventé, sans doute, mais qu'il nous a forcé à inventer. Sans lui, il n'y aurait pas d'analyse infinitésimale, et toute la science mathématique se réduirait à l'arithmétique et à la théorie des substitutions. »

La nature invite donc le géomètre à inventer, mais le géomètre invente. Qu'il y ait « création de la matière, » c'est-à-dire un certain arbitraire dans les définitions, les points de départ, c'est ce que l'on ne saurait nier, et nous n'en voulons dire que cette preuve : les grands maîtres, en certaines circonstances, préviennent leurs élèves que « telle direction est mauvaise. » Ce n'est pas que l'on n'y saurait marcher correctement, mais bien que l'évolution générale de la mathématique ne comporte pas « telle ou telle création » inopportune au moins pour l'époque considérée. Donc, plus que tout autre savant, le géomètre est, par un côté, poète, puisque poète veut dire créateur. Le rôle de l'Imagination est immense chez le mathématicien. Dans la géométrie, nous dira-t-on, qui est l'application de la mathématique à l'étude des positions relatives des corps et des grandeurs telles que surface, volume, courbure… inhérentes à un corps, l'on conçoit encore que l'imagination soit en jeu ; mais où y a-t-il place pour l'imagination dans les dépendances entre notions abstraites si compliquées qu'envisage l'analyste [17] ? Nous répondrons que dans certaines questions très abstraites, une sorte d'intuition géométrique raffinée sert bien souvent de guide. Mais lors même que le géomètre n'a plus la ressource d'objectiver l'être idéal qu'il étudie, il y a encore en lui une sorte d'imagination qui travaille. Phénomène mystérieux et splendide : le géomètre a une sorte de « vue intérieure ! » Un illustre professeur de Berlin, mort il y a deux ans, Karl Weierstrass, à la fin de sa longue et féconde carrière, enseignait encore, assis dans un fauteuil et dictant à un élève qui écrivait à sa place au tableau noir. Lorsque la matière était particulièrement hérissée de difficultés, Weierstrass fermait les yeux : il se recueillait et, les *paupières closes, il voyait mieux*, son visage s'illuminait, et sa pensée jaillissait plus nette et plus forte. Il n'est pas de géomètre qui n'ait souvent fermé les yeux pour « voir en dedans. » Là est peut-être l'essence de l'esprit géométrique, qui devient de plus en plus voisin de l'esprit de finesse, quoique Pascal, avec raison, les ait distingués.

Mais tout cela est fort peu connu, parce que les tâtonnements de l'intuition ne se retrouvent point dans l'œuvre achevée : l'imagination a été comme le cintre qui a nécessairement servi à la construction de la voûte, alors même que les traces n'en sont guère visibles. On ne retrouve pas aussi nettement chez le géomètre ce cachet que l'artiste laisse comme imprimé sur son œuvre : deux toiles non signées laisseraient bien plus vite deviner leurs auteurs que deux mémoires de mathématiques.

On nous aura maintenant accordé, nous voulons l'espérer, une imagination très artistique chez le mathématicien et une inspiration puissante venant présider à l'apparition de l'œuvre mathématique comme à l'apparition de l'œuvre d'art, de certaines œuvres d'art particulièrement. Nous voudrions éclaircir encore tout cela et construire une sorte d'échelle d'œuvres d'art telle que l'œuvre mathématique en soit comme le dernier échelon.

Nous pouvons admirer au musée du Louvre, dans l'ancienne salle des Etats, le *Printemps*, de Millet, son *Eglise de Gréville*, ses *Glaneuses*, comme aussi plusieurs *paysages* de Corot. Sur ces diverses toiles, nous lisons des impressions de leurs auteurs assez différentes : l'un et l'autre décrivent la nature, mais ils ont différemment entendu son langage, car la nature parle véritablement par son coloris et ses mouvements de masses. Dans le *Printemps*, nous voyons des arbres fruitiers couverts de fleurs, c'est exquis ; mais le grave Millet nous montre aussi l'orage fuyant, les rayons du soleil perçant la nuée. Une lumière plus uniforme eût-elle été monotone ou bien l'auteur, par son caractère, n'était pas porté à voir seulement le côté joyeux des choses : devant l'*Eglise de Gréville* un paysan passe, qui se rend au travail ; les *Glaneuses* sont représentées dans l'attitude la plus laborieuse. Corot est bien plus souriant, ses personnages ont tous l'attitude du repos ou du jeu.

Dans le même ordre d'idées, nous avons, en musique, la *Symphonie pastorale* de Beethoven, et avec lui une interprétation plus « abstraite » de la nature : le chant du loriot auprès du ruisseau, la danse champêtre, l'orage, tout cela n'est-il pas, à un haut degré, expression d'idées générales ? La *Symphonie héroïque*, la *Symphonie en ut mineur*, sont plus *idéales* encore. La première traduisait l'admiration de son auteur pour Bonaparte, suivie de révolte au spectacle de l'ambition du Premier Consul. La seconde vit le jour, dit Beethoven, parmi de grandes souffrances : il a exprimé là tout le pathétique de certaines heures de l'existence ; il songeait à lui-même... à toute l'incertitude de la destinée humaine ; il l'a dépeinte par cet effet magnifique du cor, jetant dans le lointain quelques notes graves pendant un court silence des violons et des flûtes, qui reprennent aussitôt leur doux murmure, mystérieux comme le bruissement des feuilles au passage du zéphyr. Le chant va croissant en force et en hauteur, pour redescendre ensuite et laisser entendre à nouveau la première phrase, les notes du cor qui reviennent stridentes, imprévues, désolées... « C'est ainsi, disait Beethoven, que le Destin vient frapper à notre porte. »

La personnalité reste donc à découvert, même dans l'œuvre d'art descriptive, mais l'empire de l'idée est très variable dans l'art. Dans les paysages de Millet et Corot, dans la *Symphonie pastorale*, œuvres narratives, en somme, il fallait surtout que le coloris et la mélodie fussent étudiés, pour frapper aussi agréablement que possible les sens du spectateur.

Puis, s'agit-il d'élever un monument pour le culte public, un temple, les architectes ont dû, ce nous semble, s'appliquer à traduire une idée en même temps qu'à réaliser le beau : ainsi la forme est plus sereine dans le Parthénon, hommage rendu aux dieux indulgents de la Grèce, plus émue, plus troublée dans la cathédrale d'Amiens [18], hommage rendu au Vrai Dieu. L'impression est plus épurée. Enfin, l'idée nous paraît dominante dans des œuvres telles que la *Symphonie* citée *en ut mineur*, le *Rêve* de M. E. Détaille, l'*Angélus*, de Millet, certaines œuvres de Puvis de Chavannes... Nous avons dit un mot de la symphonie. La seconde œuvre citée exprime l'ivresse de la gloire militaire. L'*Angélus* nous montre, à la fin d'une belle journée, la nature entrant en repos, comme le campagnard, et ce repos commençant pour lui par le pieux souvenir du plus beau des miracles, souvenir que lui rappelle tendrement la cloche de l'église prochaine...

Il nous semble que nous avons bien là une *échelle d'œuvres* : à la base, coloris brillant, mélodie éclatante, idée assez faible, puis coloris de plus en plus sobre, mélodie plus contenue, harmonie plus sévère vers le haut, et idée de plus en plus dominante ; en un mot *plaisir des sens décroissant*, et *plaisir de l'esprit croissant*, beauté de plus en plus dégagée de la forme sensible. Far là même nous entrevoyons la beauté des mathématiques tout au haut, aux gradins extrêmes, si *pure*, si *sereine*, que précisément elle ne pouvait guère être montrée que par une gradation de beautés dont elle serait le terme extrême.

Au moment où nous allions clore ces lignes, une page d'Alfred Tonnellé [19] tombe sous nos yeux :

« Il faut, dit-il, que l'idée *transluceat* à travers le signe, *sit symbolum translucens*. Ce n'est pas moins vrai de l'art que du langage. L'œuvre d'art doit être comme une lampe d'albâtre dont la matière est pure et belle ; l'idée de la beauté brûle au dedans comme une flamme et en éclaire la forme. »

Dans l'œuvre mathématique l'albâtre est réduit à presque rien, nous contemplons la flamme elle-même, la lumière dans sa source !

La mathématique est le *Temple de la nécessité logique*, a dit M. J. Tannery[20]. Que les profanes ne viennent point inscrire sur le fronton ce vers que Dante plaçait sur la porte de son enfer :

Lasciate ogni speranza voi ch'intrate.

Non, la vérité laborieusement, passionnément recherchée, s'y révèle harmonieuse et belle, comme le chant d'une harpe aux accons d'une sonorité ample, majestueuse, grave, fortement rythmée... A considérer la science par excellence *de ce qui se mesure*, nous avons rencontré une beauté, sévère peut-être, la beauté, malgré tout, c'est-à-dire ce qui par essence n'est *ni mesurable, ni pondérable*.

Nous avons pensé que cela méritait d'être plus connu.

Notes

1.   Revue générale des Sciences, 1897.

2.   Une remarque est ici nécessaire. C'est à l'occasion de problèmes de physique d'astronomie, de géodésie, que l'analyse s'est développée. De cette « analyse appliquée, » par un travail d'épuration des concepts, est sortie l' « analyse pure. »

La première a précédé historiquement la seconde, et cela tient à la faiblesse de l'esprit humain, qui n'aurait su créer l'analyse de toutes pièces. (Voir plus loin.)

Actuellement, l'analyse pure est devenue la devancière, nous semble-t-il.

Ajoutons deux mots d'histoire des mathématiques. Les Grecs, bien avant notre ère, avaient développé la géométrie pure (sans calcul) ; Archimède avait résolu un cas particulier du calcul intégral. Vièle, au XVIIe siècle, fonda l'algèbre ; Descartes traita par l'algèbre les questions de géométrie (géométrie analytique). Enfin l'analyse proprement dite (calcul infinitésimal) vit le jour avec la découverte de Newton et Leibniz. Cauchy, au début de notre siècle, a eu la gloire de lui donner un nouvel essor par la substitution à la « variable réelle » de la « variable complexe, » dont la première n'est qu'un cas particulier.

3.   Ce mot, en mathématiques, a un tout autre sens que dans le langage courant. On dit un « infiniment petit » en parlant d'un « microbe. » Pour le géomètre, infiniment petit veut dire « indéfiniment décroissant, » quantité évanouissante. Par exemple, la différence : $1 - 0, 999... 9...$ devient un infiniment petit, si l'on augmente indéfiniment le nombre des chiffres 9 placés à droite de la virgule.

Quand la dérivée existe, c'est que le rapport des deux quantités évanouissantes est parfaitement fini.

4.   Voir : Sur tes Rapports de l'Analyse pure et de la Physique mathématique, par M. H. Poincaré (Acta Mathematica, t. XXI).

5.   Œuvres mathématiques d'Evariste Galois, 1897.

6.   Journal de l'École polytechnique, 1890.

7.   Sur ce point et sur l'Esthétique de Taine voir l'Evolution

des Genres, par F. Brunetière. Paris, Hachette.

8.   Voir la Psychologie, de E. Rabier. Paris, Hachette.

9.   De l'Idée de Loi naturelle dans la Science et la Philosophie. Alcan, 1895.

10.   Revue de Métaphysique. Hachette et Colin, 1894.

11.   H. Poincaré, la Théorie de Maxwell. Paris, 1899.

12.   Et cela ne leur ôte point une très grande valeur relative.

13.   P. du Bois-Reymond, Théorie générale des fonctions, traduction française. Paris, Hermann.

14.   Voir à ce sujet l'Essai sur les Conditions et les Limites de la Certitude logique. Paris, Alcan, 1894. Cette remarquable thèse de « philosophie » est signée par M. G. Milliaud, agrégé des Sciences mathématiques ; ce qui lui donne, à notre point de vue, une valeur toute particulière.

15.   Revue générale des Sciences, 1897.

16.   Acta Mathematica, t. XXI, p. 338.

17.   Nous faisons allusion, en particulier, aux « variables complexes » citées en note ; ce sont des grandeurs dont on peut ; dire qu'elles sont égales ou différentes, mais non point que l'une est plus grande que l'autre ; cela n'aurait pas de sens.

Et leur introduction a mis, dans certaines théories, une unité très remarquable, une régularité qu'elles n'eussent pas eue avec les grandeurs ordinaires. Voir par exemple : M. Couturat, De l'Infini mathématique. Alcan, 1896.

18.   Viollet-le-Duc disait d'elle qu'elle est le Parthénon du style gothique.

19.   Fragments sur l'Art et la Philosophie. Paris, 1874.

20.   De l'Idée de Nombre dans la Science (Revue de Paris, 1896).

ISBN : 978-1722437541

www.ingramcontent.com/pod-product-compliance
Lightning Source LLC
Chambersburg PA
CBHW071203220526
45468CB00003B/1134